BEI GRIN MACHT SICH IHR WISSEN BEZAHLT

- Wir veröffentlichen Ihre Hausarbeit, Bachelor- und Masterarbeit

- Ihr eigenes eBook und Buch - weltweit in allen wichtigen Shops

- Verdienen Sie an jedem Verkauf

Jetzt bei www.GRIN.com hochladen und kostenlos publizieren

Lukas Beck

Aus der Reihe: e-fellows.net stipendiaten-wissen

e-fellows.net (Hrsg.)

Band 1501

Einfluss circadianer Rhythmik und akustischer Ablenkung auf die Reaktionszeit nach visueller Stimulation

Eine Untersuchung an Schülern der gymnasialen Unter- und Oberstufe

GRIN Verlag

Bibliografische Information der Deutschen Nationalbibliothek:

Die Deutsche Bibliothek verzeichnet diese Publikation in der Deutschen National-bibliografie; detaillierte bibliografische Daten sind im Internet über http://dnb.d-nb.de/ abrufbar.

Impressum:

Copyright © 2012 GRIN Verlag, Open Publishing GmbH
Druck und Bindung: Books on Demand GmbH, Norderstedt Germany
ISBN: 978-3-668-00784-0

Dieses Buch bei GRIN:

http://www.grin.com/de/e-book/302627/einfluss-circadianer-rhythmik-und-akusti-scher-ablenkung-auf-die-reaktionszeit

GRIN - Your knowledge has value

Der GRIN Verlag publiziert seit 1998 wissenschaftliche Arbeiten von Studenten, Hochschullehrern und anderen Akademikern als eBook und gedrucktes Buch. Die Verlagswebsite www.grin.com ist die ideale Plattform zur Veröffentlichung von Hausarbeiten, Abschlussarbeiten, wissenschaftlichen Aufsätzen, Dissertationen und Fachbüchern.

Besuchen Sie uns im Internet:

http://www.grin.com/

http://www.facebook.com/grincom

http://www.twitter.com/grin_com

FACHARBEIT
- LUKAS BECK -
12-BIO

Einfluss circadianer Rhythmik und akustischer Ablenkung auf die Reaktionszeit nach visueller Stimulation

Eine Untersuchung an Schülern der gymnasialen
Unter- und Oberstufe

eingereicht am 11. Mai 2012

Fachbereich: Biologie

ABSTRACT

Die vorliegende Arbeit befasst sich mit Untersuchungen, die den Einfluss bestimmter Faktoren auf die Reaktionszeit des Menschen nach visueller Stimulation überprüfen: zum einen der Einfluss der circadianen Rhythmik, also des Tagesrhythmus', zum anderen die Auswirkungen von irrelevanten, akustischen Reizen. Als Probanden für den computergestützten Reaktionszeittest dienten Schülerinnen und Schüler der gymnasialen Unter- und Oberstufe. Der in der Fachliteratur beschriebene Einfluss beider Faktoren konnte durch die gewonnen Untersuchungsergebnisse jedoch nur teilweise bestätigt werden.

INHALTSVERZEICHNIS

1 Einleitung

Die Reaktionszeitforschung ist trotz zahlreicher Untersuchungen in der Vergangenheit noch immer aktuell und gerade im Informationszeitalter mit immer schneller werdenden Fortbewegungsmitteln und sich rasant entwickelnder Technik von großer Relevanz.

Der Einfluss der zwei unabhängigen Faktoren *circadiane Rhythmik* und *akustische Ablenkung* auf die menschliche Reaktionszeit nach visueller Stimulation wurde an zwei unterschiedlichen Personengruppen mit Hilfe eines Reaktionszeittests der *University of Washington* untersucht.

Im Zusammenhang mit der Verbreitung der Ganztagsschule ist die Konzentrationsfähigkeit der Schüler im Tagesverlauf von zunehmender Bedeutung. Ziel dieser Arbeit ist es, herauszufinden, zu welcher Tageszeit Ganztagsschüler der gymnasialen Unterstufe die beste körperliche Verfassung, gemessen anhand der Reaktionsgeschwindigkeit, haben.

In einer weiteren Untersuchung an einer Gruppe von Oberstufenschülern, im Alter von Fahranfängern, wurde der Grad der Ablenkung durch irrelevante, akustische Reize ermittelt, um mögliche Gefahren beim Autofahren aufzuzeigen.

2 Reaktionszeit

2.1 Definition

Die Reaktionszeit ist definiert als die Zeitspanne, die zwischen dem Auftreten eines Reizes (Stimulus) und der Ausführung der dadurch bedingten Reaktion (Response) liegt. Sie wird von der Umgebungstemperatur, Alkoholgenuss, dem α–Rhythmus des Gehirns[1] sowie „zahlreichen [weiteren] exogenen und endogenen Faktoren beeinflußt"[2] und ist zudem vom Lebensalter abhängig.[3]

Grundsätzlich wird zwischen muskulären, sensoriellen sowie Wahl- und Unterschiedsreaktionen differenziert.[4] In den nachfolgenden Untersuchungen (s. Abschnitt 4) wurde stets die muskuläre Reaktionszeit ermittelt, weshalb im Folgenden auf diese Art der Reaktion näher eingegangen wird.

Nach ZACIORSKIJ werden muskuläre Reaktionen in fünf Phasen aufgeteilt: dem Auftreten der Erregung an Nerven der Sinnesorgane, der Überführung der Erregung an das ZNS, der Auslösung eines Befehls, der Übertragung des Befehls an den Muskel sowie der Ausführung der Reaktion auf ein Ereignis (s. a. Abschnitt 1.2).[5] WELFORD, der die Phasen von Wahlreaktionen determinierte, sah in der „identification and choice"[6] die zeitaufwendigsten Prozesse. Rückschließend kann man der Informationsverarbeitung im zentralen Nervensystem (ZNS) auch bei muskulären Reaktionen den größten Zeitbedarf zusprechen, da die Reiz- bzw. Responseübertragungszeit der Nervenleitgeschwindigkeit entspricht und unter konstanten Bedingungen bei muskulären Reaktionen und Wahlreaktionen äquivalent ist. Untersuchungen bezüglich jahresrhythmischer Schwankungen ergaben ein Maximum der durchschnittlichen Reaktionszeit im Februar und März, dem ein Minimum im Zeitraum August/September gegenübersteht.[7]

---

[1] Vgl. TÄUMER, R. et al.: Abhängigkeit der Reaktionszeit von der zeitlichen Folge optischer Reize (1970), S. 184
[2] ENGEL, P. et al.: Die rhythmischen Schwankungen der Reaktionszeit beim Menschen (1968), S. 324
[3] Vgl. WELFORD, A. T.: Reaction times (1980), S. 329
  Vgl. BÜNNING, E.: Die physiologische Uhr: circadiane Rhythmik und Biochronometrie (1977), S. 13
  Vgl. JALAVISTO, E. et al.: Age and the simple reaction time in response to visual tactile and proprioceptive stimuli (1962), S. 6
[4] Vgl. Gabler Verlag (Hrsg.), Gabler Wirtschaftslexikon, Stichwort: Reaktionszeit, online im Internet: http://wirtschaftslexikon.gabler.de/Archiv/13326/reaktionszeit-v8.html (Stand: 05.04.2012)
[5] Vgl. ZACIORSKIJ, V. M.: Der Einfluss von sportlicher Betätigung auf die Lebensdauer
[6] WELFORD, A. T.: Reaction times (1980), S. 73
[7] ENGEL, P. et al.: Die rhythmischen Schwankungen der Reaktionszeit beim Menschen (1968), S. 325
  LINDAUER, M.: Die biologische Uhr (1980), S. 12

2.2 Reiz-Reaktionskette

Bei Untersuchungen der Reiz-Reaktionskette, also der in Abschnitt 2.1 nach ZACIORSKIJ beschriebenen Phasen, bewegt man sich auf dem Gebiet der *Sensomotorik*. Da es in den Untersuchungen dieser Arbeit darum geht, auf einen visuellen Reiz mit einer Muskelkontraktion zu antworten, wird die Reiz-Reaktionskette an diesem Beispiel erläutert.

Zu Beginn (1) trifft ein Stimulus auf die Retina, welche daraufhin einen Nervenimpuls erzeugt. Der von stimulierten Nerven generierte elektrische Impuls,[8] wird über (2) *afferente* (zum ZNS laufende) Neuronen des somatischen Nervensystems zur Kognition ins ZNS weitergeleitet. Nach der (3) kognitiven Verarbeitung entsteht ein neuer Nervenimpuls, der über (4) *efferente* (vom ZNS ausgehende) Motoneuronen weitergeleitet wird und den für die Beugung des Zeigefingers verantwortlichen Skelettmuskel innerviert. Infolgedessen kommt es zur (5) Muskelkontraktion.[9]

3 Circadiane Rhythmik

3.1 Definition

Die circadiane Rhythmik (lat. circa = ungefähr; dies = Tag) ist ein Teilbereich der *Chronobiologie* und umfasst Rhythmen, deren Periodenlängen unter konstanten Bedingungen ungefähr 24 Stunden betragen.[10] In vollständiger Isolation hat die innere Uhr des Menschen jedoch etwa eine Periodenlänge von 25 Stunden und wird dann als „free-running"[11] bezeichnet.[12] Folglich muss es exogene Faktoren geben (s. Abschnitt 3.2.2), die Einfluss auf die circadiane Rhythmik nehmen. Ohne diese „external synchronization"[13] würde es früher oder später zu Konflikten zwischen der inneren Uhr und dem Tag-Nacht-Wechsel bzw. dem Sozialleben kommen.

3.2 Regulation der circadianen Rhythmik

3.2.1 Endogene Steuerung

Die endogene Rhythmik ist in erster Hinsicht genetisch veranlagt.[14] So lassen viele Körperfunktionen Neugeborener wie beispielsweise „die Pulsfrequenz [und] die

---

[8] Stanford University, Tech Museum of Innovation (2007), URL: s. Internetquellen
[9] Vgl. KARG, T.: Statistische Reaktionszeitanalyse mit MatLab®: Einblick in Kognition und Motorik (2007), S. 9
[10] Vgl. BÜNNING, E.: Die physiologische Uhr: circadiane Rhythmik und Biochronometrie (1977), S. 1
[11] ZEE, PHYLLIS C. et al.: Introduction to sleep and circadian rhythms (1999), S. 3
[12] Vgl. LOTZE, M.: Untersuchungen zur Tagesrhythmik visueller und akustischer Wahrnehmung (1996), S. 5
[13] Ebd. S. 2
[14] LINDAUER, M.: Die biologische Uhr (1980), S. 22

Wasserausscheidung"[15] sowie Körperkerntemperatur[16] und Schlaf-Wach-Rhythmus[17] erst nach mehreren Wochen eine deutliche Tagesrhythmik erkennen. Den genetisch bedingten Chronotyp eines Menschen unterscheidet man in *Frühaufsteher* und *Nachtarbeiter*.[18]

3.2.2 Exogene Synchronisation

Die innere Uhr wird von sog. *Zeitgebern* beeinflusst, welche dazu dienen, den endogenen Rhythmus mit exogenen Faktoren wie beispielsweise dem Tag-Nacht-Wechsel zu synchronisieren. Beim Menschen stellen Licht und soziale Einflüsse (z.B. Arbeitszeiten, Termine) die wichtigsten Zeitgeber dar.[19] Dabei sind neben „der Intensität und der Dauer der Einstrahlung [...] auch [die] spektralen Qualitäten"[20] des Lichts relevant für seine Zeitgeberstärke.

Die Bedeutsamkeit von Licht als Zeitgeber wurde zudem in zahlreichen Experimenten mit künstlichen Licht-Dunkel-Wechseln nachgewiesen. *Desynchronisation* war jedoch nur für relativ enge Mitnahmebereiche möglich, d.h. die Probanden waren nur auf Periodenlängen, „die dicht bei 24 Std."[21] (22 Std. bis 28 Std.) lagen, synchronisierbar. Bei solchen Experimenten kommt es zur *Phasenverschiebung* (s. Abb. 1).[22] Eine bekannte Art der Desynchronisation ist der *Jetlag* nach Interkontinentalflügen.

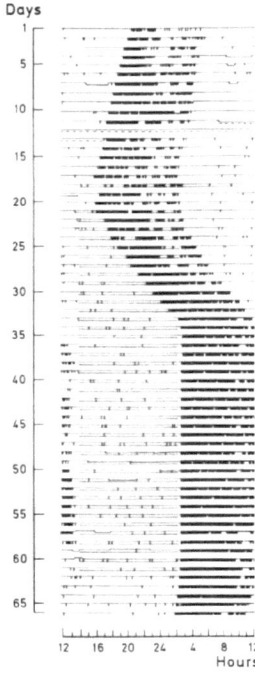

Abb. 1: Phasenverschiebung bei künstl. Licht-Dunkel-Wechseln

Dauerdunkel vom 1. – 17. Tag.
Ab 21. Tag Licht von 14 bis 2 Uhr.

3.2.3 Suprachiasmatischer Nucleus (SCN)

Der SCN ist eine 20000 Nervenzellen umfassende Gehirnstruktur im ventralen Hypo-

---

[15] BÜNNING, E.: Die physiologische Uhr: circadiane Rhythmik und Biochronometrie (1977), S. 31
[16] GROTE, L.: Zirkadiane Einflüsse auf die Kreislaufregulation (2004), S. 994
[17] DAVIS, FRED C. et al.: Ontogeny of sleep and circadian rhythms (1999), S. 55
[18] Vgl. LINDAUER, M.: Die biologische Uhr (1980), S. 22
[19] Vgl. ZEE, PHYLLIS C. et al.: Introduction to sleep and circadian rhythms (1999), S. 5
   Vgl. BÜNNING, E.: Die physiologische Uhr: circadiane Rhythmik und Biochronometrie (1977), S. 64
[20] LOTZE, M.: Untersuchungen zur Tagesrhythmik visueller und akustischer Wahrnehmung (1996), S. 5
[21] ASCHOFF, J. et al.: Circadiane Periodik des Menschen unter dem Einfluß von Licht-Dunkel-Wechseln unterschiedlicher Periode (1968), S. 59
[22] Vgl. LINDAUER, M.: Die biologische Uhr (1980), S. 22
   Vgl. ZEE, PHYLLIS C. et al.: Introduction to sleep and circadian rhythms (1999), S. 6
   Vgl. BÜNNING, E.: Die physiologische Uhr: circadiane Rhythmik und Biochronometrie (1977), S. 28

thalamus unmittelbar oberhalb des *Chiasma opticum*.[23] Er wird unter anderem auch als „[zentraler] Rhythmusgeber"[24] und „Master-Clock"[25] bezeichnet und ist der bisher einzige, sicher nachgewiesene *Oszillator* bei Säugetieren.[26] Seine Aufgabe liegt folglich darin, die endogene Körperrhythmik mit Hilfe von Zeitgebern zu synchronisieren bzw. sie bei deren Mangel möglichst lange aufrechtzuerhalten. Es wird vermutet, dass in der Körperperipherie

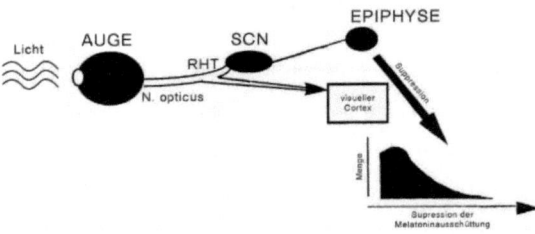

Abb. 2: lichtinduzierte Suppression der Melatoninausschüttung

weitere circadiane Oszillatoren liegen,[27] die Informationen vom SCN erhalten. Die in Abschnitt 3.2.2 beschriebene Relevanz des Lichts als Zeitgeber ist nicht nur experimentell nachweisbar, sondern auch anatomisch zu erklären. Lichtreize, welche auf die Retina treffen, werden „über [...] den *Nervus opticus* und den *retino-hypothalamischen Trakt* (RHT)"[28] zum SCN weitergeleitet (s. Abb. 2).[29] Dieser ist unmittelbar mit der *Epiphyse* (Zirbeldrüse) verbunden und kann somit direkten Einfluss auf die dortige Melatoninsynthese nehmen. Eine höhere Melatoninkonzentration (höchster Plasmamelatoninspiegel um zwei Uhr nachts)[30] ist dafür verantwortlich, dass der Körper in den Zustand des Schlafs übergeht.[31] Erst ab einer Beleuchtungsstärke von ungefähr 2600 Lux kommt es zu einer signifikanten Hemmung der Melatoninausschüttung,[32] sodass die Vitalität des Individuums nach Anstieg der

---

[23] Vgl. National Institute of General Medical Sciences (2008)
http://www.nigms.nih.gov/Education/Factsheet_CircadianRhythms.htm (Stand: 08.04.2012)
Vgl. LOTZE, M.: Untersuchungen zur Tagesrhythmik visueller und akustischer Wahrnehmung (1996), S. 109
Vgl. ZEE, PHYLLIS C. *et al.*: Introduction to sleep and circadian rhythms (1999), S. 2
[24] GROTE, L.: Zirkadiane Einflüsse auf die Kreislaufregulation (2004), S. 994
[25] LINDAUER, M.: Die biologische Uhr (1980), S. 27
National Institute of General Medical Sciences (2008)
http://www.nigms.nih.gov/Education/Factsheet_CircadianRhythms.htm (Stand: 08.04.2012)
[26] Vgl. LOTZE, M.: Untersuchungen zur Tagesrhythmik visueller und akustischer Wahrnehmung (1996), S. 108
[27] Vgl. CZEISLER, CHARLES A. *et al.*: Influence of light on circadian rhythmicity in humans (1999), S. 150
[28] LOTZE, M.: Untersuchungen zur Tagesrhythmik visueller und akustischer Wahrnehmung (1996), S. 5
[29] Vgl. CZEISLER, CHARLES A. *et al.*: Influence of light on circadian rhythmicity in humans (1999), S. 150
[30] Vgl. LOTZE, M.: Untersuchungen zur Tagesrhythmik visueller und akustischer Wahrnehmung (1996), S. 7
[31] Vgl. National Institute of General Medical Sciences (2008)
http://www.nigms.nih.gov/Education/Factsheet_CircadianRhythms.htm (Stand: 08.04.2012)
[32] Vgl. LOTZE, M.: Untersuchungen zur Tagesrhythmik visueller und akustischer Wahrnehmung (1996), S. 7

tonischen Aktivierung wieder zunimmt.[33] Demnach wird Melatonin auch als der „wichtigste endokrine Botenstoff des circadianen Systems"[34] bezeichnet.

3.3 Einflussnahme auf Körperfunktionen

Insgesamt sind mehr als 100 Körperfunktionen bekannt, die der circadianen Rhythmik unterliegen.[35] So werden z.B. Körpertemperatur, Pulsfrequenz und Harnausscheidung[36] sowie Blutdruck und Herzfrequenz[37] von ihr kontrolliert. In Anbetracht dessen ist es leicht verständlich, dass eine dauerhafte Störung des circadianen Rhythmus' gravierende Folgen für körpereigene Prozesse und Funktionen haben kann. Solche Disharmonien auf Grund desynchronisierter circadianer Rhythmik können zu schweren Erkrankungen (bspw. „Myokardinfarkt [und] Schlaganfall")[38] führen.

4 Untersuchungen zur Reaktionszeit

Im vergangenen Jahrhundert haben sich verschiedene Wissenschaftsdisziplinen wie die Psychologie und Medizin ausgiebig mit dem Thema *Reaktionszeit* beschäftigt. An einer Vielzahl von Lebewesen wurde die Reaktionszeit unter Einfluss verschiedenster Faktoren gemessen. So wurden bereits die Auswirkungen des Menstruations-, Herz- und Atmungsrhythmus'[39] sowie von UV-Bestrahlung[40], Alkohol[41] und körperlicher Belastung[42] überprüft. Auch die Korrelation zwischen Reaktionsvermögen und der Intelligenz der Probanden wurde bereits erforscht.[43]

4.1 Untersuchung 1: Einfluss der circadianen Rhythmik auf die Reaktionszeit

4.1.1 Aufbau und Ablauf

An der ersten Untersuchung, in der sich mögliche tagesrhythmische Schwankungen der Reaktionszeit herausstellen sollen, haben drei Schulklassen der gymnasialen Unterstufe

---

[33] Vgl. MIEG, HANS-PETER: Vigilanzentwicklung unter nCPAP-Therapie beim obstruktiven Schlafapnoesyndrom unter besonderer Berücksichtigung der zirkadianen Rhythmik (2006), S. 20

[34] LOTZE, M.: Untersuchungen zur Tagesrhythmik visueller und akustischer Wahrnehmung (1996), S. 107

[35] Vgl. BÜNNING, E.: Die physiologische Uhr: circadiane Rhythmik und Biochronometrie (1977), S. 9
Vgl. LINDAUER, M.: Die biologische Uhr (1980), S. 9

[36] Ebd. S. 9

[37] GROTE, L.: Zirkadiane Einflüsse auf die Kreislaufregulation (2004), S. 998

[38] Ebd. S. 997

[39] Vgl. ENGEL, P. *et al.*: Die rhythmischen Schwankungen der Reaktionszeit beim Menschen (1968), S. 327-332

[40] Vgl. SEIDL, E.: Zur Frage des Einflusses von Ultraviolettbestrahlung auf die Reaktionszeit (1958)

[41] Vgl. RIECKERT, H. *et al.*: Kreislaufregulation, Reflex- und Reaktionszeit in der Resorptionsphase nach Alkoholeinwirkung (1968)

[42] Vgl. Sterkel, S.: Die Veränderung des Reaktionsvermögen nach erschöpfender Belastung am Fahrradergometer (1985)

[43] Vgl. Scott, W. S.: Reaction time of young intellectual deviates (1940)

teilgenommen. Da die Versuchspersonen vor- und nachmittags verfügbar sein mussten, beschränkte sich die Stichprobe auf die Ganztagsschülerinnen und -schüler. Somit nahmen 25 männliche und 21 weibliche Probanden (s. Anhang Tab. I), mit einem durchschnittlichen Alter von 10,74 Jahren, an der Untersuchung teil (s. Abb. 3).

Der hier verwendete Reaktionszeittest (s. Anhang Abb. I) wurde von der *University of Washington* entwickelt und den Versuchspersonen mit Hilfe eines Videoprojektors vorgeführt, bevor diese ihn selbst an einem Computer durchführten. Jeder Proband erhielt zur Dokumentation der vom Computerprogramm gewonnen Reaktionszeit

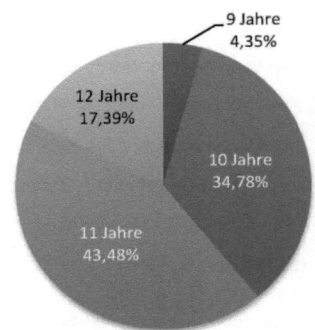

Abb. 3: Altersverteilung bei der ersten Untersuchung

und einer Selbsteinschätzung der körperlichen Verfassung einen Ergebnisbogen (s. Anhang Abb. IV). Bei dem Test arbeiteten jeweils zwei Probanden paarweise zusammen, wobei die Aufgabe des Partners darin bestand, zwischen jeder Erhebung eine 10-sekündige Pause zu stoppen, bevor die Versuchsperson den Test ein weiteres Mal durchführte. Ziel dieses 10-sekündigen *Interstimulusintervalls* (ISI) war es, einen Trainingseffekt zu verhindern. Zugleich wurde eine ausreichende Zeitspanne für das sog. *disk shedding* gewährleistet. *Disk shedding* bezeichnet den „Erneuerungsprozeß der Photozellen der Retina“[44], denn zwischen zwei visuellen Stimuli muss ein ISI von mindestens 50 Millisekunden liegen, damit diese als einzelne Reize wahrgenommen werden können.[45] Nachdem der PC-Monitor auf Augenhöhe des Probanden ausgerichtet worden war, um die Reaktionszeit nicht durch überflüssige Kopfbewegungen zu beeinflussen, wurde der Test gestartet, dessen Ablauf wie folgt aussah: Nach dem Start leuchtete das rote Licht einer Ampel. Sobald das grüne Licht der Ampel aufleuchtet, sollte der Proband so schnell wie möglich mit einer Computermaus auf einen Knopf klicken. Die Zeit zwischen Aufleuchten des roten und Aufleuchten des grünen Lichts wurde vom Test automatisch variiert, sodass ein Antizipieren des Stimuluszeitpunkts verhindert werden sollte. Die eigentliche Reaktionszeit wurde zwischen dem Aufleuchten des grünen Lichts (Stimuluszeitpunkt) und dem Klick des Probanden (Reaktionszeitpunkt)

---

[44] LOTZE, M.: Untersuchungen zur Tagesrhythmik visueller und akustischer Wahrnehmung (1996), S. 105
[45] Vgl. LINDAUER, M.: Die biologische Uhr (1980), S. 18

gemessen. Insgesamt wurde der Reaktionszeittest am selben Tag mit jedem Probanden fünf Mal am Morgen (7:45 Uhr bis 8:15 Uhr) und fünf Mal am Mittag (13:50 Uhr bis 14:55 Uhr) durchgeführt. Vor den Erhebungen am Mittag wurde das Prinzip der *Randomisierung* angewandt, d.h. die Versuchspersonen wurden angewiesen, den Test diesmal mit einem anderen Partner durchzuführen. Dadurch sollte verhindert werden, dass die Messergebnisse durch Absprachen untereinander verfälscht werden.

Die Selbsteinschätzung fand morgens und mittags statt und ist mit der „von Hoddes, Dement und Zarcone 1973 [vorgestellten] Stanford Sleepiness Scale"[46] vergleichbar, die dazu dient, den eigenen Grad der Wachheit einzuschätzen.

4.1.2 Auswertung der Untersuchung

Bei der Auswertung der geschlechtsunabhängigen Messergebnisse ergibt sich, betrachtet man das *arithmetische Mittel* $\bar{x}$, eine geringfügige Verbesserung der Reaktionszeit mittags ($\bar{x} \approx 0,3296$) gegenüber morgens ($\bar{x} \approx 0,3452$). Die *Mediane*, welche unempfindlicher gegenüber Ausreißern sind, haben eine nicht signifikante Differenz von 0,0035 Sekunden (s. Abb.4).

Die *Ausreißer*, welche bis zu 2,035 Sekunden betragen, sind möglicherweise durch Unachtsamkeit der Probanden zu erklären. Extremwerte, die gegen eine Reaktionszeit von 0,001 Sekunden gehen, sind

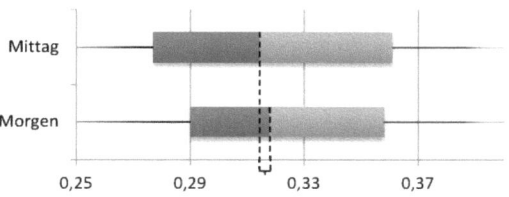

Abb. 4: Boxplot (Ausschnitt); alle Versuchspersonen morgens & mittags
dunkelblau ≙ Unteres Quartil bis Median
gestrichelte Linie ≙ Median
hellblau ≙ Median bis Oberes Quartil
(gesamter Boxplot im Anhang Abb. V)

nicht realistisch, da eine solche Reaktionszeit beim Menschen auf einen visuellen Reiz nicht möglich ist. Beide *Extrema* mussten der Vollständigkeit halber jedoch mit in die Auswertung aufgenommen werden und sind möglicherweise damit zu erklären, dass sich die Probanden nicht durchgängig an die Untersuchungsvorgaben gehalten haben.

Betrachtet man die Geschlechter separat, ist ebenfalls eine geringe Verbesserung der durchschnittlichen Reaktionszeit bei der Mittagsmessung festzustellen (s. Anhang Abb. VII.1/VII.2). Zwar ist die Streuung der Ergebnisse bei beiden

---

[46] Mieg, Hans-Peter: Vigilanzentwicklung unter nCPAP-Therapie beim obstruktiven Schlafapnoesyndrom unter besonderer Berücksichtigung der zirkadianen Rhythmik (2006), S. 25

Geschlechtern mittags höher als morgens, allerdings fällt dies besonders bei den weiblichen Probanden auf.

Die geringe Differenz der beiden geschlechtsunabhängigen Mittelwerte lässt schnell darauf schließen, dass die Reaktionszeit des Menschen keinen tagesrhythmischen Schwankungen unterliegt, sondern durchgängig bei einem Wert von ungefähr 0,33 Sekunden liegt. Beim Vergleich mit anderen Untersuchungen, bspw. denen von VOIGT *et al.*, kommt man jedoch zu einem anderen Ergebnis. VOIGT stellte einen Tagesgang der Reaktionszeit nach akustischer Stimulation fest, welcher ein Maximum gegen 3 Uhr nachts und ein Minimum gegen 19 Uhr abends aufwies (s. Abb. 5).[47] Das nächtliche Maximum legt Einfluss der circadianen Rhythmik auf die Reaktionszeit nahe, da auch die circadian kontrollierte Melatoninausschüttung um diese Zeit ihr Maximum erreicht. Der Tagesgang der Reaktionszeit zeigt nach einer stetigen Verbesserung

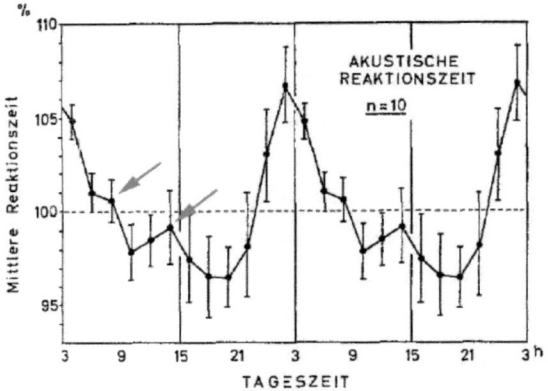

Abb. 5: Tagesgang der mittleren Reaktionszeit; prozentuale Abweichung vom Mittelwert über zwei Tage

Die Klammern geben den Bereich des mittleren Fehlers der Mittelwerte an. Die roten Pfeile markieren den Zeitpunkt der hier durchgeführten Untersuchungen.

bis ungefähr 10 Uhr einen Abfall der durchschnittlichen Reaktionszeit bis 14 Uhr. Danach folgt wieder ein positiver Trend bis zum Tagesoptimum gegen 19 Uhr. Ordnet man nun die Erhebungszeitpunkte der hier durchgeführten Untersuchung in den Tagesgang ein (s. rote Pfeile in Abb. 5), so korrespondieren die gewonnen Ergebnisse mit denen von VOIGT. Ebenfalls die Zunahme der Streuung im Laufe des Tages, was man als Anstieg des Erschöpfungsgrades und damit einhergehenden Konzentrationsschwächen deuten kann, spiegelt sich hier wider.

Bei Betrachtung des *Medians* sind die männlichen Probanden im tageszeitunabhängigen Vergleich 0,03 Sekunden schneller als die weiblichen (s. Anhang Abb. VI). Dieses

---

[47] Vgl. ENGEL, P. *et al.*: Die rhythmischen Schwankungen der Reaktionszeit beim Menschen (1968), S. 328

Ergebnis widerspricht dem von NOBLE.[48] Dieser ermittelte bei Männern im Allgemeinen zwar eine bessere Reaktionszeit, jedoch nicht für die Altersgruppen 10 bis 14 und 71 bis 84 Jahre.

Bei der Selbsteinschätzung hatten die Probanden die Wahl zwischen (1) sehr fit, (2) gut, (3) mittelmäßig, (4) leicht erschöpft/gestresst, (5) sehr müde/gestresst. Morgens findet sich bei den männlichen Probanden eine Tendenz zu (2) und (3) (s. Anhang Abb. II.1), während mittags eine ausgewogene Verteilung zu erkennen ist (s. Anhang Abb. II.2). Bei den weiblichen Probanden ist auffällig, dass sich über 60 % zu beiden Tageszeiten in Kategorie (1) und (2) eingeordnet haben (für absolute Werte s. Anhang Tab. III). Nur eine verschwindend geringe Menge der weiblichen Probanden ordnete sich Kategorie (4) oder (5) zu.

Der *Median der Reaktionszeit in Sekunden* während den fünf Erhebungen weist zu keiner Tageszeit eine Korrespondenz mit der Selbsteinschätzung auf. Die Probanden, die sich morgens als (1) sehr fit eingeschätzt haben, hatten im Schnitt sogar die schlechteste Reaktionszeit (s. Anhang Abb. III.1). Vergleicht man beide Tageszeiten, fällt wieder auf, dass die Streuung (unabhängig von der Selbsteinschätzung) mittags sehr viel höher ist (s. Anhang Abb. III.1/III.2). Um zu klären, ob es einen Trainingseffekt gab, wurde $\bar{x}$ der Reaktionszeit in allen fünf Erhebungen be-trachtet. Ein Trainingseffekt

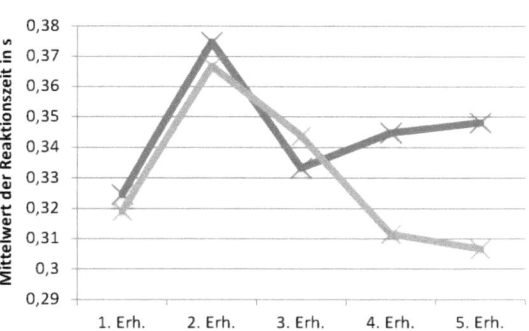

Abb. 6: Mittelwerte der Reaktionszeit aller Probanden je Erhebung
dunkelblaue Linie ≙ morgens
hellblaue Linie ≙ mittags

wäre daran zu erkennen, dass sich die Reaktionszeit im Schnitt mit (fast) jeder Erhebung verbessert. Es fällt auf, dass sich das arithmetische Mittel der Reaktionszeit tageszeitunabhängig von der ersten zur zweiten Erhebung um ungefähr 50 Millisekunden verschlechtert (s. Abb. 6). Dies könnte daran liegen, dass die Probanden mit dem Ablauf des Tests und dem erneuten Start nach dem vom Partner gestoppten 10-sekündigen ISI noch nicht vertraut waren. Mittags lässt sich nach der zweiten Erhebung jedoch ein

---

[48] Vgl. WELFORD, A. T.: Reaction times (1980), S. 346-347

deutlicher Trainingseffekt feststellen, durch den der Mittelwert der Reaktionszeit noch unter die 0,319 Sekunden aus der ersten Erhebung sinkt. Nach exemplarischer Durchführung des t-Tests mit den Messergebnissen der fünften Erhebung morgens und denen der fünften Erhebung mittags lässt sich ein statistisch signifikanter Unterschied in der Reaktionszeit in Abhängigkeit von der Tageszeit feststellen.[49] In diesem Fall wurde der t-Test für abhängige Stichproben durchgeführt, da die genutzten Messergebnisse der Untersuchung am Morgen und am Mittag von denselben Personen stammen.

4.2 Untersuchung 2: Reaktionsvermögen bei akustischer Ablenkung

4.2.1 Aufbau und Ablauf

In der zweiten Untersuchung wurden die Auswirkungen von Musik als Mittel der akustischen Ablenkung auf die Reaktionszeit eruiert. Insgesamt nahmen 35 Probanden der elften und zwölften Jahrgangsstufe teil, die im Durchschnitt 17,77 Jahre alt waren (s. Abb. 7). Diese Stichprobe bestand aus 19 weiblichen und 16 männlichen Versuchspersonen (s. Anhang Tab. II).

Der Ablauf der Untersuchung unterschied sich in nur wenigen Aspekten von dem der ersten Untersuchung. Statt der zwei Messungen zu verschiedenen Tageszeiten, wurden zwei Messung mit je fünf Erhebungen unmittelbar hintereinander durchgeführt. Bei der zweiten Messung trug der Proband Kopfhörer, über die mit einer Lautstärke von 84 dB (gemessen mit einem geeichten Präzisions-Schallpegelmesser; Rohde & Schwarz, München) das Lied *Bück dich hoch* der Band *Deichkind* abgespielt wurde.

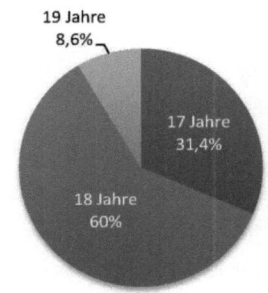

Abb. 7: Altersverteilung bei der zweiten Untersuchung

Bei beiden Messungen wurde ein ISI von fünf Sekunden eingehalten, damit der Proband zum einen den Stimuluszeitpunkt nicht antizipieren konnte und zum anderen keine Habituation, d.h. keine Akklimatisation an die Lautstärke, stattfand. Die Selbsteinschätzung wurde nicht durchgeführt. Um den Einfluss der circadianen Rhythmik zu umgehen, wurde die Untersuchung immer zwischen 13 Uhr und 14 Uhr durchgeführt. Im Versuchsraum waren außer dem Probanden und dem Versuchsleiter (Autor) keine weiteren Personen.

---

[49] GraphPad Software (2005); http://www.graphpad.com/quickcalcs/ttest1.cfm (Stand: 25.04.2012)

In der Untersuchung wurde die selektive Aufmerksamkeit der Probanden geprüft, d.h. die Fähigkeit, „aus einer Flut von Reizen und Einflüssen die relevanten herauszufiltern und die übrigen zurückzudrängen".[50]

4.2.2 Auswertung der Untersuchung

Bei dieser Untersuchung wurde ein Anstieg der durchschnittlichen Reaktionszeit bei akustischer Ablenkung im Vergleich zur durchschnittlichen Reaktionszeit ohne Ablenkung erwartet. Jedoch haben die *arithmetischen Mittel* $\bar{x}$ der Reaktionszeit mit und ohne akustische Ablenkung nur eine Differenz von 0,0019 Sekunden. Auch bei dieser Untersuchung sind einige Ausreißer in der Ergebnismenge vorhanden, weshalb in der folgenden Auswertung der *Median* betrachtet wird. Dieser weist eine geringfügige Verbesserung um 0,007 Sekunden bei der Messung mit Ablenkung durch Musik auf (s. Anhang Abb. VIII). Dass das Untersuchungsergebnis nicht

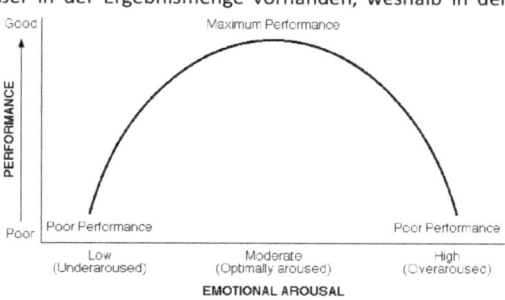

Abb. 8: Inverted-U Hypothesis

den Erwartungen entspricht, lässt sich mit Hilfe der *Inverted-U Hypothesis* erklären (s. Abb. 8).[51] Diese besagt, dass es unter Einfluss von Lärm zum Anstieg des *arousal levels* kommt. Der Anstieg ist die Folge der Einwirkung von Lärm auf das *aufsteigende retikuläre Aktivierungssystem (ARAS)*, welches den *arousal level* bzw. die kortikale Erregung kontrolliert.[52] Er führt dazu, dass die Aufmerksamkeit und die Reaktionsfähigkeit zunehmen, solange es nicht zu einer übermäßigen, dauerhaften Belastung kommt.

Auffallend war jedoch, dass es während den Erhebungen mit auditiver Ablenkung vermehrt zu verfrühtem Klicken des Probanden kam, d.h. der Proband klickte, noch bevor die grüne Ampel aufleuchtete. Dies lässt auf Konzentrationsprobleme schließen, die auf die Musikberieselung zurückzuführen sein könnten.

---

[50] MIEG, HANS-PETER: Vigilanzentwicklung unter nCPAP-Therapie beim obstruktiven Schlafapnoesyndrom unter besonderer Berücksichtigung der zirkadianen Rhythmik (2006), S. 20

[51] Vgl. WELFORD, A. T.: Reaction times (1980), S. 325-326

[52] Vgl. KRYTER, KARL D.: The effects of noise on man (1970), S. 487
Vgl. Springer Verlag, Psychologie (o.J.)
http://www.biologische-psychologie.de/entries/1870 (Stand: 21.04.2012)

5 Fazit

Fasst man die gewonnen Ergebnisse der beiden Untersuchungen zusammen, kommt man durchaus zu dem Schluss, dass die Reaktionsfähigkeit des Menschen tagesrhythmischen Schwankungen unterliegt. So findet man durch Hinzuziehen von Fachliteratur je ein Tagesoptimum gegen 10 Uhr und 19 Uhr, wobei das abendliche Optimum stärker ausgeprägt ist. Auf Grund der stark zunehmenden Streuung gegen Nachmittag, die (wie in Abschnitt 3.2.2 beschrieben) auf einen Abfall der Konzentration- und Leistungsfähigkeit schließen lässt, kann man die Hypothese aufstellen, dass in der Schule auf anspruchsvolle Überprüfungen nach 13 Uhr verzichtet werden sollte. Um dies zu beweisen, wären allerdings weiterführende Tests und Untersuchungen unter anderem mit speziellen Konzentrationstests nötig. Für künftige Untersuchungen wären zudem der Vergleich verschiedener Altersgruppen und das eigenständige Aufstellen eines Tagesgangs der Reaktionszeit interessant. Außerdem könnte man anspruchsvollere Tests mit Wahl- und Unterschiedsreaktionen durchführen und diese in die statistische Auswertung einbeziehen.

Es konnte ebenfalls bestätigt werden, dass Musik bzw. irrelevante, akustische Reize Einfluss auf die Reaktionsfähigkeit nehmen. Zwar wird bei kurzzeitiger Lärmbelastung der *arousal level* angehoben, sodass bessere Leistungen erzielt werden, allerdings führt längere Berieselung vermutlich zu Überbelastung (s. Abb. 8), wodurch ein drastisches Sinken der Leistungsfähigkeit hervorgerufen wird. Auf Grund dessen und vor allem der hohen Fehlerquote bei akustischer Ablenkung sollten gerade Fahranfänger beim Autofahren auf diese zusätzliche Belastung verzichten. Diese Hypothese liegt nahe, da die Probanden, die am Test teilgenommen haben, im Alter sind, in dem viele Heranwachsende ihren Führerschein machen, und im Test auf die Signale einer Ampel reagiert werden musste. Zur Bestätigung der Hypothese wären jedoch weitere umfangreichere Untersuchungen ggf. an einem Fahrsimulator notwendig.

LITERATURVERZEICHNIS

ASCHOFF, J./PÖPPEL, E./WEVER, R.: Circadiane Periodik des Menschen unter dem Einfluß von Licht-Dunkel-Wechseln unterschiedlicher Periodik, in: Pflügers Archiv European Journal of Physiology 306 (1969), S. 58-70.

BÜNNING, ERWIN: Die physiologische Uhr. Circadiane Rhythmik und Biochronometrie, Berlin [u.a.]: Springer, [3]1977.

CLAUß, GÜNTER/EBNER, HEINZ: Statistik für Soziologen, Pädagogen, Psychologen und Mediziner. Grundlagen, Bd. 1, Thun [u.a.]: Harri Deutsch, [4]1982.

CZEISLER, CHARLES A./WRIGHT, KENNETH P. JR.: Influence of light on circadian rhythmicity in humans, in: Regulation of sleep and circadian rhythms, Ed. Turek, Fred W./Zee, Phyllis C., Lung biology in health and disease, Bd. 133, New York [u.a.]: Dekker, 1999, S. 149-180.

DAVIS, FRED C./FRANK, MARCOS G./HELLER, H. CRAIG: Ontogeny of sleep and circadian rhythms, in: Regulation of sleep and circadian rhythms, Ed. Turek, Fred W./Zee, Phyllis C., Lung biology in health and disease, Bd. 133, New York [u.a.]: Dekker, 1999, S. 19-80.

ENGEL, PETER/HILDEBRANDT, GUNTHER: Die rhythmischen Schwankungen der Reaktionszeit beim Menschen, in: Psychological Research 32 (1969), S. 324-336.

GRIESEL, HEINZ et al.: Elemente der Mathematik. Leistungskurs Stochastik mit Orientierungswissen Lineare Algebra/Analytische Geometrie, Braunschweig: Schroedel, [1]2003.

GROTE, L.: Zirkadiane Einflüsse auf die Kreislaufregulation, in: Der Internist 45 (2004), S. 994-1005.

JALAVISTO, EEVA: Age and the simple Reaction time in response to visual tactile and proprioceptive stimuli, Reihe: Annales Academiae Scientiarum Fennicae, Series A, 5 Medica, Bd. 96, Helsinki 1962.

KARG, THOMAS: Statistische Reaktionszeitanalyse mit MatLab®. Einblick in Kognition und Motorik, Gymnasium Ottobrunn 2007.

KRYTER, KARL D.: The effects of noise on man, in: Environmental Science. An interdisciplinary monograph series, Ed. Lee, Douglas H. K. et al., New York [u.a.]: Academic Press, 1970.

LINDAUER, MARTIN: Die biologische Uhr, Reihe: Sitzungsberichte der Wissenschaftlichen Gesellschaft an der Johann-Wolfgang-Goethe-Universität Frankfurt am Main, Bd. 16, Nr. 5, Wiesbaden: Steiner, 1980.

LOTZE, MARTIN: Untersuchungen zur Tagesrhythmik visueller und akustischer Wahrnehmung, Reihe: Internationale Hochschulschriften, Bd. 202, Münster [u.a.]: Waxmann, 1996.

MIEG, HANS-PETER: Vigilanzentwicklung unter nCPAP-Therapie beim obstruktiven Schlafapnoesyndrom unter besonderer Berücksichtigung der zirkadianen Rhythmik, unv. Diss., Universitätsmedizin Berlin, Medizinische Fakultät der Charité, 2006.

RIECKERT, H./CLOSS, H. P./PAUSCHINGRR, P.: Kreislaufregulation, Reflex- und Reaktionszeit in der Resorptionsphase nach Alkoholeinwirkung, in: European Journal of Applied Physiology and Occupational Physiology 26 (1968), S. 180-188.

SCOTT, WINIFRED STARBUCK: Reaction time of young intellectual deviates, in: Archives of psychology 256, New York 1940.

SEIDL, E.: Zur Frage des Einflusses von Ultraviolettbestrahlung auf die Reaktionszeit, in: European Journal of Applied Physiology and Occupational Physiology 17 (1958), S. 333-340.

STERKEL, STEFAN: Die Veränderung des Reaktionsvermögens nach erschöpfender Belastung am Fahrradergometer, unv. Diss., Universität Mainz, 1985.

TÄUMER, REINER et al.: Die Abhängigkeit der Reaktionszeit von der zeitlichen Folge optischer Reize, in: Kybernetik 7 (1970), S. 183-191.

WELFORD, ALAN TRAVISS: Reaction Times, London [u.a.]: Academic Press, 1980.

ZACIORSKIJ, VLADIMIR MICHAJLOVIC: Der Einfluss von sportlicher Betätigung auf die Lebensdauer, in: Theorie und Praxis der Körperkultur (1988)
(auf: http://de.wikipedia.org/wiki/Schnelligkeit Stand: 03.05.2012)

ZEE, PHYLLIS C./ TUREK, FRED W.: Introduction to sleep and circadian rhythms, in: Regulation of sleep and circadian rhythms, Ed. Turek, Fred W./Zee, Phyllis C., Lung biology in health and disease, Bd. 133, New York [u.a.]: Dekker, 1999, S. 1-18.

INTERNETQUELLEN

ALLEN, JIM: University of Washington (2002)
http://faculty.washington.edu/chudler/java/redgreen.html
(Stand: 27.02.2012)

Gabler Verlag (Hrsg.), Gabler Wirtschaftslexikon, Stichwort: Reaktionszeit, online im Internet:
http://wirtschaftslexikon.gabler.de/Archiv/13326/reaktionszeit-v8.html
(Stand: 05.04.2012)

GraphPad Software (2005)
http://www.graphpad.com/quickcalcs/ttest1.cfm
(Stand: 25.04.2012)

National Institute of General Medical Sciences (2008)
http://www.nigms.nih.gov/Education/Factsheet_CircadianRhythms.htm
(Stand: 08.04.2012)

Springer Verlag, Psychologie (o.J.)
http://www.biologische-psychologie.de/entries/1870
(Stand: 21.04.2012)

Stanford University, Tech Museum of Innovation (2007)
http://virtuallabs.stanford.edu/tech/images/ReactionTime.SU-Tech.pdf
(Stand: 04.04.2012)

http://www.wissenschaftliches-arbeiten.org/
(Stand: 27.04.2012)

ABBILDUNGSVERZEICHNIS

ANHANG

	Merkmal	9 Jahre	10 Jahre	11 Jahre	12 Jahre	Summe (Σ)
				Alter		
Geschlecht	männlich	2	7	10	6	25
	weiblich	0	9	10	2	21
	Summe (Σ)	2	16	20	8	**46**

Tab. I: Kontingenztafel Alter-Geschlecht (absolute Werte) der ersten Untersuchung

	Merkmal	17 Jahre	18 Jahre	19 Jahre	Summe (Σ)
			Alter		
Geschlecht	männlich	5	9	2	16
	weiblich	6	12	1	19
	Summe (Σ)	11	21	3	**35**

Tab. II Kontingenztafel Alter-Geschlecht (absolute Werte) der zweiten Untersuchung

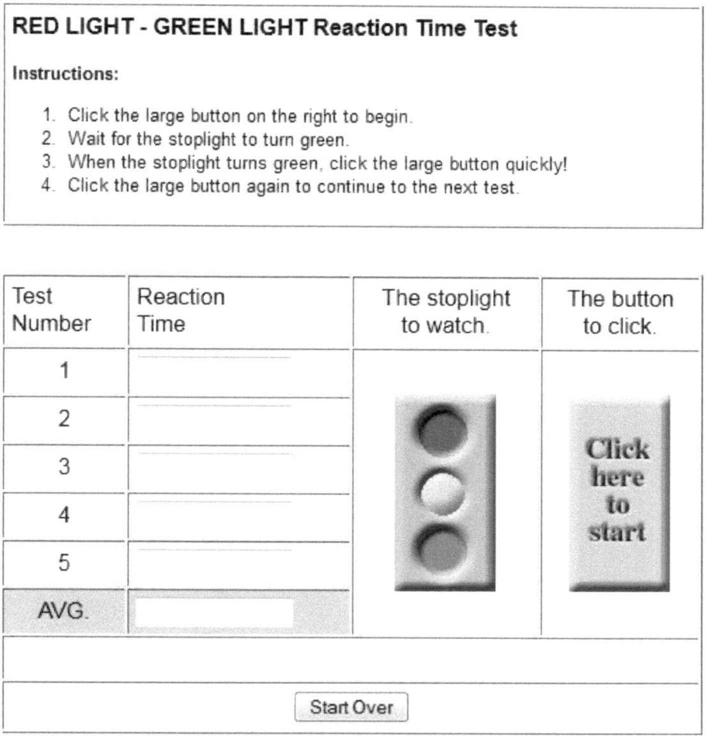

RED LIGHT - GREEN LIGHT Reaction Time Test

Instructions:

1. Click the large button on the right to begin.
2. Wait for the stoplight to turn green.
3. When the stoplight turns green, click the large button quickly!
4. Click the large button again to continue to the next test.

Test Number	Reaction Time	The stoplight to watch.	The button to click.
1			
2			
3			
4			
5			
AVG.			

Start Over

Abb. I: Benutzeroberfläche des Reaktionszeittests der *University of Washington*
(Quelle: s. Internetquellen auf Seite 15)

Selbsteinschätzung (Morgen)

	Merkmal	sehr fit	fit	mittelmäßig	gestresst	sehr gestresst	Summe (Σ)
Geschlecht	männlich	2	8	8	5	2	25
	weiblich	4	16	1	0	0	21
	Summe (Σ)	6	24	9	5	2	**46**

Selbsteinschätzung (Mittag)

	Merkmal	sehr fit	fit	mittelmäßig	gestresst	sehr gestresst	Summe (Σ)
Geschlecht	männlich	5	5	7	4	4	25
	weiblich	10	3	7	0	1	21
	Summe (Σ)	15	8	14	4	5	**46**

Tab. III: Kontingenztafel Geschlecht-Selbsteinschätzung (absolute Werte)

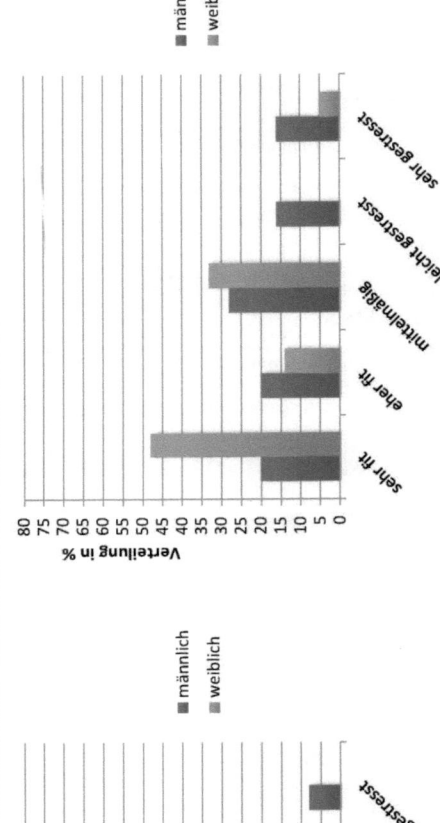

Abb. II.2: prozentuale Verteilung der Selbsteinschätzung am Mittag

Abb. II.1: prozentuale Verteilung der Selbsteinschätzung am Morgen

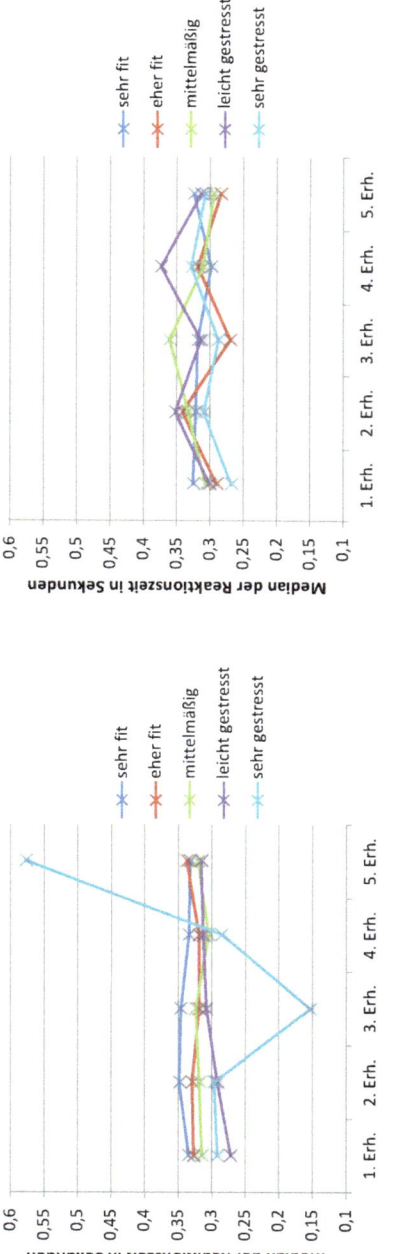

Legend (chart top):
- sehr fit
- eher fit
- mittelmäßig
- leicht gestresst
- sehr gestresst

Median der Reaktionszeit in Sekunden

0,6
0,55
0,5
0,45
0,4
0,35
0,3
0,25
0,2
0,15
0,1

1. Erh.   2. Erh.   3. Erh.   4. Erh.   5. Erh.

Abb. III.2: Median der Reaktionszeit in Sekunden in Abhängigkeit zu den fünf Erhebungen und der Selbsteinschätzung am Mittag

Legend (chart bottom):
- sehr fit
- eher fit
- mittelmäßig
- leicht gestresst
- sehr gestresst

Median der Reaktionszeit in Sekunden

0,6
0,55
0,5
0,45
0,4
0,35
0,3
0,25
0,2
0,15
0,1

1. Erh.   2. Erh.   3. Erh.   4. Erh.   5. Erh.

Abb. III.1: Median der Reaktionszeit in Sekunden in Abhängigkeit zu den fünf Erhebungen und der Selbsteinschätzung am Morgen

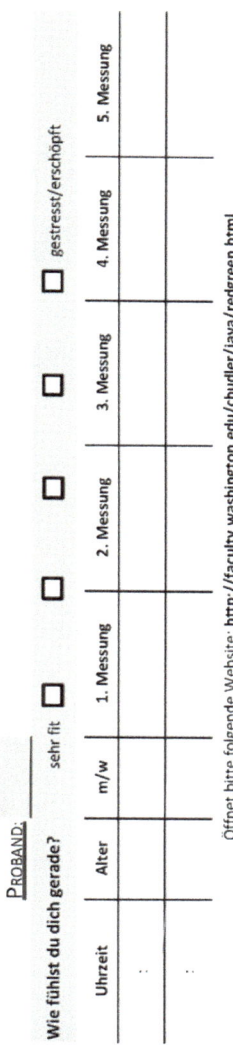

Reaktionszeitmessung

PROBAND: _____

Wie fühlst du dich gerade?   sehr fit ☐   ☐   ☐   ☐   ☐   gestresst/erschöpft ☐

Uhrzeit	Alter	m/w	1. Messung	2. Messung	3. Messung	4. Messung	5. Messung
:							
:							

Öffnet bitte folgende Website: **http://faculty.washington.edu/chudler/java/redgreen.html**

BITTE führt die Messungen *gewissenhaft* durch und achtet darauf, zwischen jeder Messung ein *Pause von zehn Sekunden* einzuhalten!

Abb. IV: Ergebnisbogen

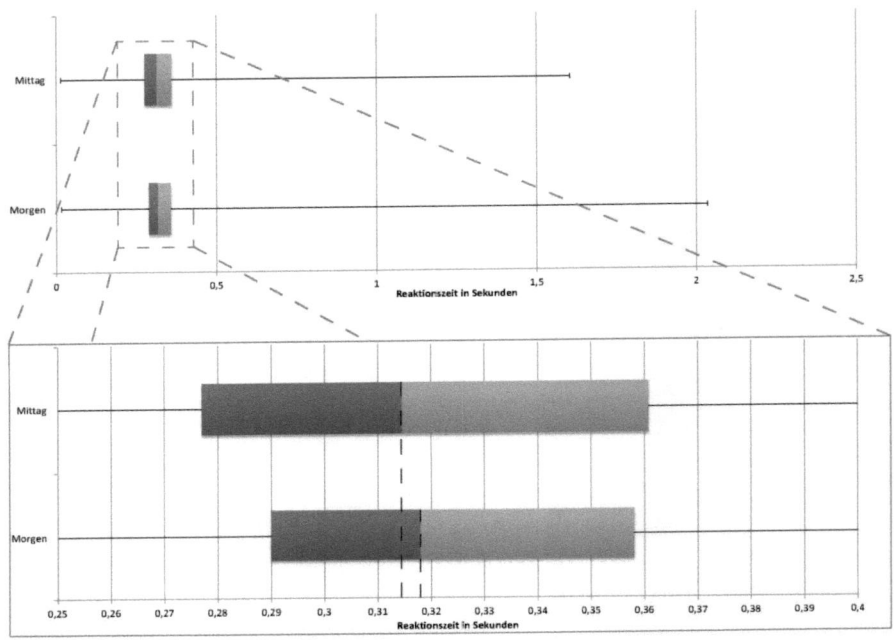

Abb. V: Vergleich der Messergebnisse aller Probanden für beide Tageszeiten

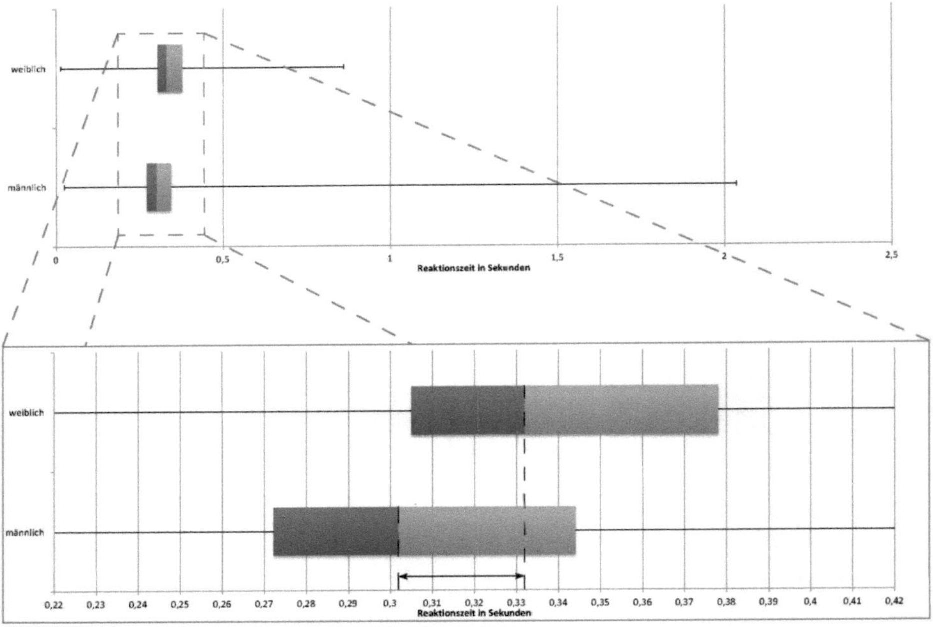

Abb. VI: Vergleich geschlechtsspezifischer Messergebnisse unabhängig von der Tageszeit

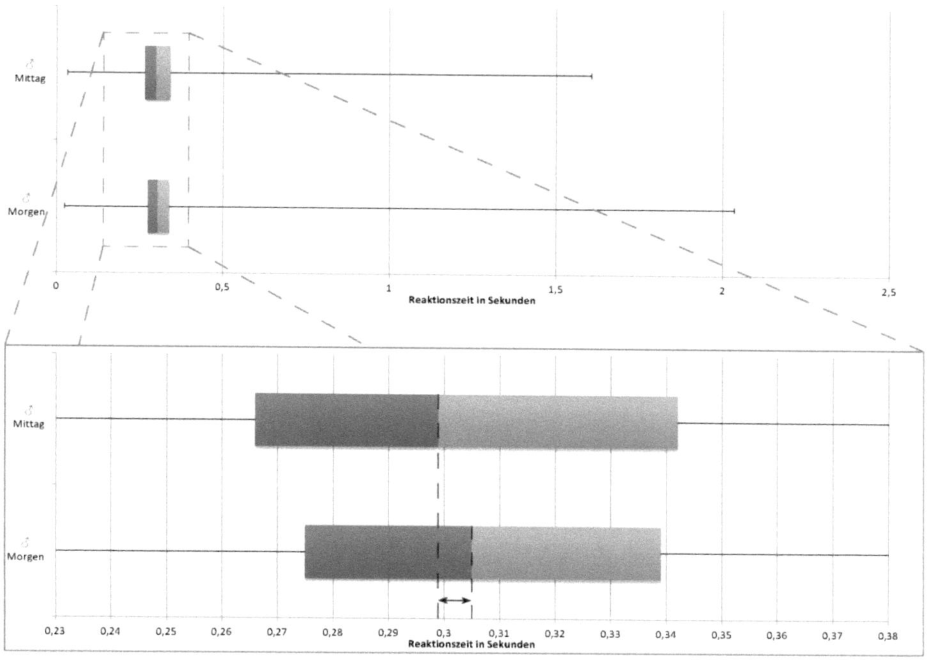

Abb. VII.1: Vergleich der Messergebnisse der männlichen Probanden für beide Tageszeiten

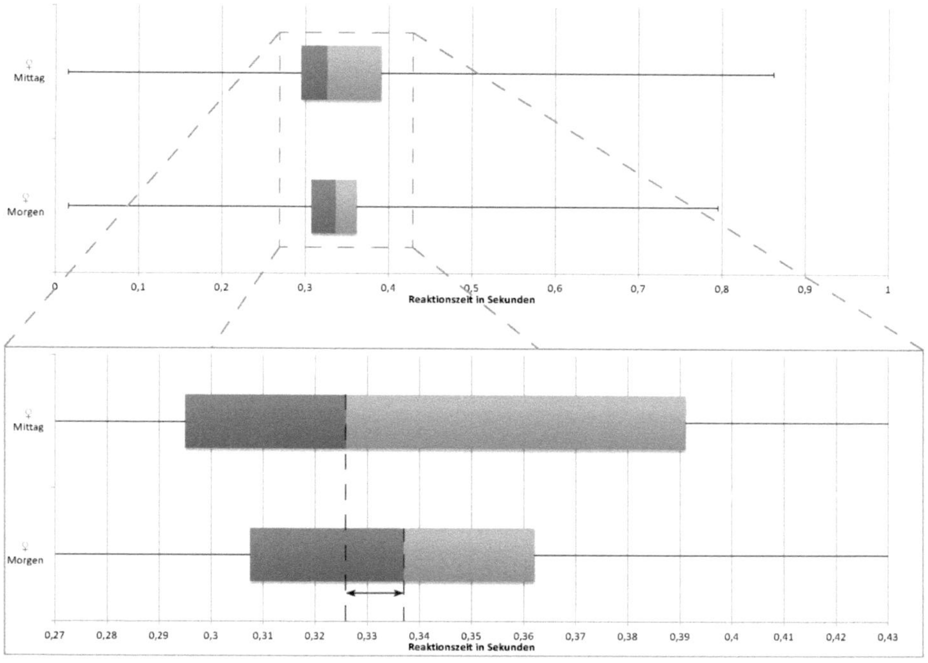

Abb. VII.2: Vergleich der Messergebnisse der weiblichen Probanden für beide Tageszeiten

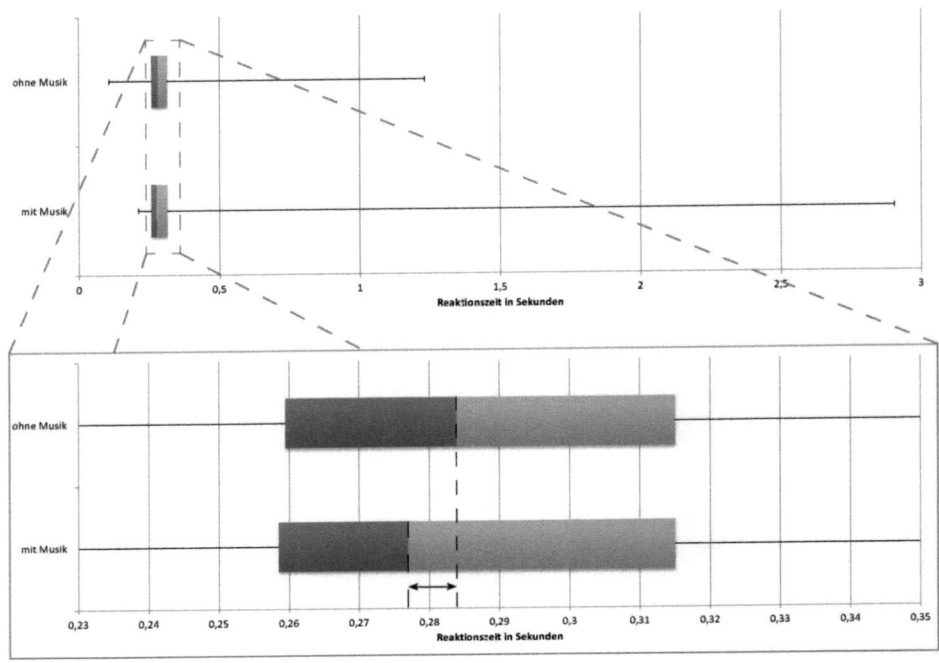

Abb. VIII: Vergleich der Messergebnisse aller Probanden mit und ohne Ablenkung

Messergebnisse der ersten Untersuchung

Proband	Uhrzeit	Alter	Geschlecht	Selbsteinschätzung	1. Erhebung	2. Erhebung	3. Erhebung	4. Erhebung	5. Erhebung
1	08:07	11	w	2	0,361	0,44	0,612	0,795	0,449
1	13:57	11	w	3	0,339	0,551	0,368	0,427	0,372
2	08:07	11	w	2	0,336	0,373	0,311	0,305	0,361
2	13:57	11	w	3	0,319	0,391	0,351	0,366	0,425
3	08:09	11	m	3	0,315	0,272	0,247	0,269	0,235
3	13:56	11	m	3	0,331	0,694	0,281	0,396	0,151
4	08:09	11	m	2	0,3	0,221	0,315	0,269	0,27
4	13:55	11	m	3	0,157	0,266	0,269	0,1	0,072
5	08:07	10	w	2	0,275	0,342	0,306	0,303	0,313
5	13:57	10	w	3	0,291	0,318	0,258	0,247	0,291
6	08:07	10	m	3	0,277	2,035	0,316	0,302	0,302
6	13:55	10	m	3	0,274	0,303	0,292	0,278	0,339
7	08:07	10	m	2	0,27	0,339	0,226	0,274	0,265
7	14:00	10	m	1	0,294	0,312	0,338	0,345	0,276
8	08:09	11	m	3	0,382	0,375	0,361	0,339	0,337
8	14:00	11	m	4	0,488	0,378	0,389	0,393	0,319
9	08:08	11	w	2	0,325	0,39	0,305	0,378	0,44
9	13:57	11	w	1	0,383	0,57	0,37	0,319	0,444
10	08:07	10	w	2	0,422	0,341	0,319	0,469	0,351
10	13:56	10	w	3	0,316	0,352	0,862	0,326	0,293
11	08:07	11	w	2	0,332	0,29	0,268	0,269	0,448
11	13:56	11	w	3	0,452	0,307	0,361	0,373	0,306
12	08:10	10	w	1	0,539	0,422	0,344	0,446	0,384
12	13:58	10	w	1	0,501	0,379	0,551	0,332	0,351
13	08:09	11	w	1	0,348	0,36	0,523	0,326	0,314
13	13:56	11	w	2	0,307	0,335	0,274	0,306	0,398

14	08:09	10	w	2	0,336	0,306	0,328	0,347	0,305
14	13:56	10	w	1	0,538	0,321	0,139	0,191	0,341
15	08:09	9	m	3	0,312	0,302	0,324	0,311	0,321
15	14:00	9	m	3	0,297	0,347	0,36	0,313	0,305
16	08:07	10	w	1	0,321	0,347	0,348	0,343	0,351
16	13:58	10	w	2	0,357	0,413	0,846	0,395	0,326
17	07:52	11	w	3	0,202	0,319	0,282	0,016	0,338
17	14:49	11	w	1	0,325	0,432	0,015	0,021	0,198
18	07:52	11	w	2	0,354	0,306	0,29	0,318	0,312
18	14:44	11	w	1	0,271	0,269	0,24	0,267	0,322
19	07:52	10	w	2	0,329	0,395	0,33	0,353	0,308
19	14:47	10	w	1	0,35	0,407	0,474	0,32	0,349
20	07:52	10	m	2	0,291	0,368	0,344	0,366	0,344
20	14:49	10	m	4	0,316	0,325	0,353	0,428	0,342
21	07:58	11	w	2	0,468	0,313	0,3	0,594	0,311
21	14:52	11	w	1	0,305	0,311	0,269	0,298	0,288
22	07:52	11	m	5	0,296	0,275	0,025	0,292	0,872
22	14:48	11	m	5	0,266	0,309	0,26	0,354	0,277
23	07:52	9	m	2	0,296	0,32	0,328	0,278	0,292
23	14:46	9	m	2	0,277	0,034	0,106	0,213	0,174
24	07:52	10	m	3	0,479	0,529	0,666	0,513	0,301
24	14:49	10	m	3	0,263	0,308	0,298	0,293	0,292
25	07:52	11	m	1	0,254	0,182	0,274	0,245	0,228
25	14:45	11	m	1	0,28	0,091	0,103	0,164	0,174
26	07:52	10	m	2	0,291	0,86	0,312	0,332	0,315
26	14:49	10	m	1	0,377	1,606	0,701	0,262	0,32
27	07:52	10	w	2	0,358	0,09	0,355	0,29	0,332
27	14:48	10	w	1	0,356	0,321	0,318	0,298	0,314
28	07:52	11	w	2	0,284	0,289	0,658	0,297	0,311

28	14:46	11	w	1	0,27	0,338	0,44	0,286	0,44
29	07:52	10	m	3	0,221	0,283	0,426	0,301	0,268
29	14:49	10	m	4	0,285	0,39	0,253	0,323	0,307
30	07:52	12	m	1	0,266	0,324	0,295	0,098	0,304
30	14:50	12	m	1	0,278	0,265	0,22	0,231	0,335
31	07:52	11	m	3	0,421	0,284	0,306	0,307	0,323
31	14:48	11	m	2	0,277	0,301	0,219	0,287	0,057
32	07:52	10	m	4	0,234	0,258	0,296	0,321	0,427
32	14:43	10	m	5	0,334	0,299	0,287	0,269	0,307
33	07:52	10	w	2	0,324	0,42	0,327	0,347	0,351
33	14:44	10	w	3	0,297	0,284	0,418	0,308	0,295
34	07:52	10	w	1	0,359	0,35	0,351	0,342	0,406
34	14:47	10	w	1	0,433	0,374	0,379	0,414	0,324
35	07:47	12	m	2	0,33	0,386	0,373	0,32	0,358
35	14:00	12	m	3	0,342	0,352	0,441	0,348	0,357
36	08:05	11	m	2	0,311	0,301	0,305	0,325	0,393
36	14:00	11	m	4	0,254	0,219	0,273	0,354	0,287
37	07:48	12	m	4	0,262	0,327	0,311	0,282	0,283
37	13:56	12	m	1	0,3	0,302	0,297	0,436	0,387
38	07:48	12	m	4	0,376	0,366	0,46	0,593	0,316
38	13:54	12	m	2	0,322	0,374	0,433	0,521	0,408
39	07:59	11	m	2	0,265	0,274	0,244	0,94	0,281
39	14:01	11	m	2	0,299	0,346	0,247	0,332	0,263
40	07:48	12	m	5	0,288	0,318	0,281	0,278	0,283
40	13:52	12	m	2	0,246	0,289	0,264	0,27	0,246
41	07:59	11	m	3	0,375	0,377	0,398	0,305	0,355
41	13:56	11	m	3	0,325	0,356	0,377	0,121	0,033
42	07:49	11	m	4	0,272	0,261	0,308	0,267	0,353
42	13:57	11	m	5	0,268	0,331	0,332	0,569	0,297

Proband	Uhrzeit	Alter	Geschlecht	Selbsteinschätzung	1. Erhebung	2. Erhebung	3. Erhebung	4. Erhebung	5. Erhebung
43	07:55	11	w	2	0,334	0,288	0,374	0,305	0,607
43	13:59	11	w	5	0,261	0,397	0,312	0,315	0,798
44	07:52	12	w	2	0,287	0,305	0,414	0,261	0,343
44	13:54	12	w	3	0,283	0,272	0,535	0,261	0,264
45	07:47	12	w	2	0,355	0,423	0,329	0,314	0,365
45	13:54	12	w	2	0,281	0,451	0,365	0,33	0,304
46	07:59	12	m	4	0,301	0,292	0,24	0,313	0,289
46	13:52	12	m	5	0,294	0,282	0,278	0,328	0,335

Tab. IV: detaillierte Messergebnisse der ersten Untersuchung

Selbsteinschätzung: 1 ≙ sehr fit, 2 ≙ gut, 3 ≙ mittelmäßig, 4 ≙ leicht erschöpft/gestresst, 5 ≙ sehr müde/gestresst.

Messergebnisse der zweiten Untersuchung

Proband	Uhrzeit	Alter	Geschlecht	Selbsteinschätzung	1. Erhebung	2. Erhebung	3. Erhebung	4. Erhebung	5. Erhebung
1.	ohne	17	m	2.	0,297	0,261	0,293	0,307	0,262
1	mit	17	m	2	0,271	0,36	0,287	0,323	0,33
2	mit	17	w	2	0,246	0,256	0,237	0,267	0,265
2	ohne	17	w	2	0,288	0,279	0,276	0,256	0,276
3	mit	18	w	3	0,29	0,263	0,283	0,267	0,263
3	ohne	18	w	3	0,241	0,302	0,351	0,253	0,271
4	ohne	19	m	2	0,274	0,263	0,47	0,288	0,311
4	mit	19	m	2	0,274	0,313	0,26	0,265	0,281
5	mit	18	w	4	0,276	0,258	0,286	0,248	0,315
5	ohne	18	w	4	0,311	0,259	0,287	0,326	0,322
6	mit	17	w	3	0,422	0,351	0,292	0,259	0,297
6	ohne	17	w	3	0,291	0,264	0,309	0,35	0,315
7	mit	18	w	3	0,268	0,297	0,321	0,307	0,355
7	ohne	18	w	3	0,373	0,361	0,32	0,282	0,451
8	mit	17	w	3	0,333	0,366	0,334	0,342	0,28

Nr	mit/ohne	Alter	Geschl.	Anzahl				
8	ohne	17	w	3	0,323	0,57	0,399	0,427	0,479
9	mit	18	w	2	0,338	0,34	0,381	0,319	0,313
9	ohne	18	w	2	0,343	0,531	0,507	0,335	0,413
10	mit	17	w	4	0,281	0,291	0,33	0,284	0,281
10	ohne	17	w	4	0,288	0,284	0,296	0,299	0,361
11	mit	18	w	2	0,273	0,265	0,26	0,32	0,29
11	ohne	18	w	3	0,279	0,29	0,315	0,308	0,296
12	mit	18	w	3	0,275	0,306	0,311	0,283	0,332
12	ohne	18	w	3	0,317	0,258	0,465	0,278	0,258
13	mit	17	w	3	0,28	0,248	0,241	0,307	0,292
13	ohne	17	w	3	0,294	0,252	0,277	0,246	0,25
14	ohne	18	m	2	0,275	0,264	0,309	0,317	0,302
14	mit	18	m	2	0,294	0,235	0,277	0,299	0,283
15	ohne	18	m	4	0,254	0,234	0,269	0,257	0,248
15	mit	18	m	4	0,237	0,379	0,275	0,241	0,277
16	ohne	17	m	3	0,278	0,305	0,243	0,255	0,28
16	mit	17	m	3	0,331	0,257	0,251	0,263	0,284
17	ohne	17	m	3	0,28	0,277	0,261	0,28	0,292
17	mit	17	m	3	0,294	0,257	0,269	0,25	0,282
18	ohne	19	m	3	0,281	0,234	0,253	0,285	0,248
18	mit	19	m	3	0,267	0,269	0,279	0,349	0,29
19	ohne	18	m	3	0,244	0,288	0,234	0,272	0,234
19	mit	18	m	3	0,268	0,24	0,251	0,265	0,261
20	ohne	18	m	5	0,251	0,269	0,257	0,305	0,265
20	mit	18	m	5	0,251	0,286	0,316	0,249	0,226
21	mit	18	w	2	0,241	0,352	0,292	0,275	0,282
21	ohne	18	w	2	0,286	0,36	0,252	0,423	0,277
22	ohne	18	m	3	0,287	0,289	0,276	0,305	0,268
22	mit	18	m	3	0,295	0,277	0,25	0,261	0,26

ID		Alter	Geschlecht						
23	ohne	17	m	4	0,242	0,345	0,254	0,271	0,25
23	mit	17	m	4	0,273	0,263	0,275	0,259	0,281
24	mit	18	w	1	0,347	0,368	0,369	0,378	0,382
24	ohne	18	w	1	0,324	0,289	0,528	0,458	0,32
25	ohne	17	m	3	0,305	0,27	0,259	0,328	0,265
25	mit	17	m	3	0,241	0,239	0,273	0,26	0,315
26	ohne	18	m	2	0,25	0,249	0,239	0,265	0,289
26	mit	18	m	2	0,24	0,258	0,28	2,905	0,339
27	mit	18	w	1	0,28	0,297	0,324	0,573	0,268
27	ohne	18	w	1	0,248	0,358	0,257	0,285	0,254
28	ohne	18	m	2	0,26	0,276	0,274	0,272	0,265
28	mit	18	m	2	0,767	0,345	0,26	0,286	0,349
29	ohne	18	m	4	0,293	0,312	0,276	0,307	0,525
29	mit	18	m	4	0,261	0,247	0,237	0,275	0,331
30	ohne	18	m	3	0,257	0,262	0,232	0,416	0,23
30	mit	18	m	3	0,249	0,236	0,241	0,25	0,425
31	ohne	18	w	3	0,339	0,265	0,26	0,288	0,257
31	mit	18	w	3	0,243	0,212	0,23	0,255	0,296
32	ohne	18	w	2	0,349	0,334	0,317	0,411	0,246
32	mit	18	w	2	0,266	0,276	0,251	0,253	0,336
33	ohne	17	w	3	0,23	0,216	0,107	1,231	0,248
33	mit	17	w	3	0,258	0,288	0,239	0,416	0,265
34	mit	19	w	3	0,335	0,243	0,224	0,248	0,235
34	ohne	19	w	3	0,301	0,292	0,284	0,275	0,259
35	ohne	18	w	2	0,322	0,381	0,301	0,313	0,349
35	mit	18	w	2	0,327	0,272	0,254	0,428	0,335

Tab. V: detaillierte Messergebnisse der zweiten Untersuchung